奇妙图书馆

怪奇宇宙图鉴

〔日〕岩谷圭介◆文　〔日〕柏原升店◆绘

王宇佳◆译

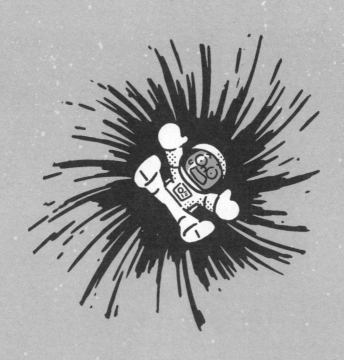

南海出版公司

2022·海口

前言

冒昧地问一句，

你对宇宙了解多少？

完全不了解？没关系。

其实就连专业的天文学家，对宇宙也是一知半解。

宇宙中隐藏的奥秘实在太多了，以人类目前的科学水平，根本无法完全解释。

正因为如此，才几乎每天都有关于宇宙的新发现。

宇宙中有很多让人意想不到却非常有意思的趣闻，本书就致力于为你揭秘宇宙有趣的一面。

"哇，真是这样吗？"你可能会发出这样的感叹。

什么都没有……

或是笑得合不拢嘴，"怎么这么蠢啊。"

抑或是被吓得目瞪口呆，"宇宙原来如此可怕！"

那么，接下来就跟随我们来一场不可思议的宇宙之旅吧。

目录

第 1 章　宇宙开发中的趣闻

第 **2** 章 关于地球和月球的神秘传闻

第 3 章　太阳系中令人惊讶的奥秘

第 4 章　**探索太空中的神奇发现**

第**7**章 宇宙探索史上的
怪奇趣闻

本书中出现的天体

黑洞

肉眼不可见的天体。
在距离我们很远的地方。

星星

夜空中闪烁的星星大部
分都是像太阳一样自身
会发光的恒星。

行星

火星、木星等都属于行星。
它们自身不会发光。
太阳系以外也有很多行星。

银河系

地球和太阳所在的星系。

人造卫星

人类制造的小型天体。

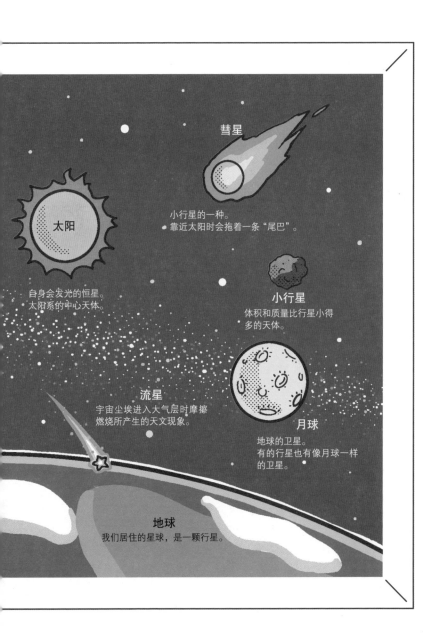

彗星
小行星的一种。
靠近太阳时会拖着一条"尾巴"。

太阳
自身会发光的恒星。
太阳系的中心天体。

小行星
体积和质量比行星小得
多的天体。

流星
宇宙尘埃进入大气层时摩擦
燃烧所产生的天文现象。

月球
地球的卫星。
有的行星也有像月球一样
的卫星。

地球
我们居住的星球，是一颗行星。

11

第 **1** 章

宇宙开发中的趣闻

火箭、空间站、宇航员……
听起来就很帅气，但实际上宇宙中有很多令人不可思议的趣闻。

宇航员经常要跟大便
作斗争

　　"想去厕所大便了！"这句话听起来很不雅，但其实拉大便是一个非常具有科学性的行为。大便的落下，与牛顿的苹果落地是同样的原理，都是重力使然。生物经过数亿年的进化，终于将排便这个行为进化得完美了。但这个完美行为如果在失重的状态下进行，就会产生很多麻烦。

　　没错，在失重状态下，大便是不会落下的。它会粘在身上，清理时又会到处乱飞，最后的惨状实在让人无法想象。

　　据说，还没习惯在太空中排便的宇航员，通常要花一个小时来跟大便作斗争。虽然科学家们绞尽脑汁发明出了太空厕所，但还是远不及生物伟大而熟练的自然排便行为。

宇宙揭秘

清理太空大便的方法　在空间站中，纸和手套都是非常珍贵的物资，不能随便浪费。所以遇到大便飞散的情况，宇航员可能要直接用手清理（如用手抓）。这简直就是噩梦啊！

太空中的大便会变成流星

　　宇航员在太空中排出的大便不能一直储存在空间站里，一定要想办法处理掉。

　　在太空中，处理大便的方法非常简单粗暴，基本就是直接投入地球的大气层中焚烧。对，就是投入我们一直在呼吸的空气中。

　　每天早上呼吸到的清新空气中，其实含有太空中的大便颗粒。听到这样的话，有洁癖的人或许会感到恶心。

　　不过请大家放心，太空大便在进入大气层时会在高温下分解，所以完全不用在意。

　　落下的太空大便会变成漂亮的流星。如果你有幸观测到这种罕见的大便流星，也许能交到好运哦。

宇宙揭秘

补给飞船　向空间站运送水、食物、衣物和实验道具等物资的飞船。这种飞船送完物资后会被塞满垃圾和大便等废物，然后投入大气层中燃烧殆尽。

在太空中放屁是件很危险的事

　　放屁是人的一种正常生理现象。但是，在太空中放屁可不是件简单的事。

　　我们都知道，太空环境近似于真空状态，如果航天员忍不住放了个屁，那么这一团废气并不会消散，反而会凝聚到一起。如果一个人不走运，屁恰好飘到他鼻子附近，就会闻到一股让人生无可恋的臭味。因为太空中的屁实在太臭了。

　　如果太空中的屁太浓郁，还会给航天员们的安全带来极大的威胁。因为屁中含有可燃性气体，如果浓度太高，很可能引起爆炸。

　　由此可见，在太空中放屁是相当危险的！如果真的想放屁，还是去专门的太空厕所吧。

宇宙揭秘

　　"太空屁"的制作方法　想放屁时，用一个小瓶对准屁股，将屁收集到里面，这样在地球上也能制作出"太空屁"了。

在太空中，小便会变成饮用水

过滤装置

　　太空中的大便会投入大气层中焚烧，小便则会过滤成饮用水。

　　太空中的资源非常有限，所以要尽可能地回收再利用。

　　有人可能会觉得这样很恶心，并产生生理性厌恶。

　　其实在地球上小便后，尿液会流入下水道，然后在地球的环境中循环，最后又变成干净的饮用水。这两者的原理实际上是一样的，所以大家不用那么介意。

宇宙揭秘

太空中小便的再利用　太空中的小便除了过滤成饮用水，还会电解成人们呼吸的氧气。

怪奇指数 🐙🐙🐙🐙

在空间站里不容易感冒

人在空间站里不容易感冒。即使有点劳累或着凉，也不用太担心。因为太空中是不存在细菌和病毒的。

在太空中不用害怕感冒，所以可以相对自由放纵一些。

不过，人体内是存在细菌的。可能一般情况下，身体不会显露出异样，但如果太放纵就会尝到苦果。比如，如果一个人一直不刷牙，口腔内的细菌就会大量繁殖，最后形成蛀牙。所以即使在太空里，也要坚持刷牙哦。

宇宙揭秘

感冒的形成机制　感冒是病毒或病菌侵入体内并大量繁殖后引起的病症。如果环境中没有病毒和病菌，人当然就不容易感冒了。

宇航服有降温功能，
否则宇航员会被热死

凉快哦……

其实穿起来很

凉丝丝！

　　宇航服有一个不为人知的重要功能，就是为宇航员的身体降温。在–270℃的太空中要特意给身体降温，这听起来好像很不可思议。

　　这么做的主要原因是，人类身体的各项机能已经适应地球上的生活环境了。在地球上，空气流动会降低体温，所以身体一直处于恒温的状态。

　　这种身体机能在太空中却十分危险。太空中是没有空气的，无法降低人类的体温。

　　在无法散热的宇航服里，体温会持续上升，最后导致死亡。

　　有人可能会觉得，这种身体机能实在太多余了，但人类的身体不是为了适应太空的环境而进化的，所以人类只能靠宇航服的降温功能来降温了。

宇宙揭秘

恒温动物　人类属于恒温动物。为了生存，恒温动物的身体要一直产热，让体温保持恒定。

空间站是紧贴着地表飞行的

空间站是在这个高度飞行的哦!

西瓜籽

不会吧?

　　空间站,听名字好像是在距离地球很远的地方。

　　但其实空间站离地球一点也不远,它几乎是贴着地表飞行的。

　　如果将地球比作一个西瓜,那空间站离地球的距离只有一个西瓜籽那么远,可以说是相当近了。

宇宙揭秘

空间站的高度　空间站的高度约为 400 千米。而地球的直径是 12742 千米。

怪奇指数 🦑🦑🦑🦑

人造卫星在太空中会生锈吗

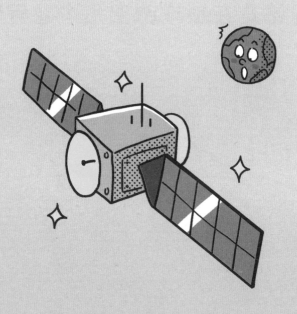

　　说到生锈，大家可能并不陌生。锈是金属被空气中的氧气氧化后形成的，但太空中、月球上都没有空气，人造卫星是否就不会生锈了？

　　其实，太空中的人造卫星也会生锈。因为人造卫星从发射到走出地球，它的表面也会携带大量的氧原子，而且穿过大气层时产生的高温条件还会加速金属生锈的过程。此外，太空中的强烈辐射和极端的温度挑战，都会影响金属的性能，加速材料的老化。顺便说一下，塑料和橡胶材质会被太空中的紫外线降解，因此一段时间后就会变得破破烂烂。

宇宙揭秘

人造卫星的报废　为了保持一定的运行轨道，人造卫星需要使用燃料，而燃料用光后，它便会成为毫无用处的太空垃圾。

空间站是在地球的空气中飞行的

空间站一般在距离地球400千米左右的高空中飞行，这个高度仍旧有一些稀薄的空气。有空气就有摩擦，与空气摩擦产生的阻力会导致空间站的飞行高度下降，所以它要经常调整运行轨道。

除了空间站，大多数火箭和人造卫星都是在地球的空气中飞行的。说是发射到太空，其实只是在近地的空中而已。

这是因为远离地球不是件容易的事，只有当人造卫星达到第一宇宙速度，即每秒7.9千米时，才能抵挡住地球对它的引力。而且大部分人造卫星的用途是科学探测或通信导航，当然是离地球近一点比较好。

宇宙揭秘

空间站周围的空气　在空间站的高度，一升的体积内大概漂浮着一万亿个空气原子。

维持高度的方法　为了维持空间站的高度，一般会使用补给飞船的引擎进行助推。

地球四周布满了太空垃圾

地球四周的宇宙空间漂浮着很多垃圾，其总量已经达到四千五百吨。这些垃圾各种各样，有报废的人造卫星、火箭残骸，还有宇航员们遗落在外太空的工具。

最棘手之处在于，太空垃圾的运行速度非常快，一般是高铁运行速度的几十倍甚至一百倍。如果太空垃圾撞上宇宙飞船，很可能一下就把宇宙飞船撞烂了。太空垃圾如果再增加下去，人类就无法前往更远的宇宙空间了。虽然科学家们正在积极研究对策，但目前还没有特别有效的办法。

宇宙揭秘

空间碎片 就是太空垃圾。目前人类正打算清扫废弃的人造卫星等大型垃圾。

怪奇指数 👻👻👻

宇宙中的任何地方都有重力

重力

"太空无重力"是一个很普遍的误解，因为重力是无处不在的，包括太空。

重力能传递至无限远的地方。比如地球的重力，能一直传递至宇宙的尽头。

与地球一样，宇宙中其他天体的重力也能传递至无限远的地方。

重力无处不在，所以整个宇宙根本不存在没有重力的地方。

宇宙揭秘

重力　声音和光线会随着距离增大而减弱。重力也一样，距离越远就越弱。不过重力即使被遮挡也能传递，这一点与声音和光线不同。

其实你已经体验过失重了

很多人都想到太空中体验一把失重状态，但其实在日常生活中你已经体验过很多次了，比如从台阶上跳下来，然后轻轻落地，这就是所谓的失重状态。也许你觉得这只是下落而已，但下落的过程其实就是失重的过程。

这并不是歪理邪说，也不是牵强附会。因为下落的原理和现象都与太空的失重如出一辙。小宝宝被抛到空中、云霄飞车从高处冲下、从攀登架上跳下……这些都是失重状态，看来我们人类真的很喜欢失重呢。

宇宙揭秘

重力 人是因为重力而下落的，这一点旁人看得很清楚，但亲身体验的人却意识不到这一点。因为人在下落时是无法切身感受到重力的。

怪奇指数 🐙🐙

想体验真正的失重，可以乘坐失重飞机

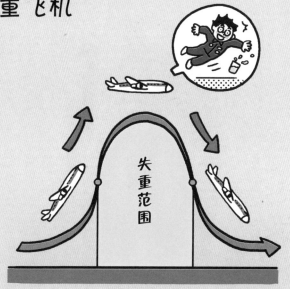

失重范围

　　如果你觉得跳下台阶不算真正的失重，想体验像在太空中的失重状态，那么推荐大家去坐失重飞机。失重飞机在飞上数千米高空后迅速下降，这时就能体验约三十秒的失重状态。

　　在这段时间里，失重飞机上的乘客能像宇航员一样轻飘飘地飞起来。实际上，宇航员在前往太空前就是用这种方法训练，从而适应失重状态的。这与宇宙中的失重原理相同。

　　所以，体验失重不一定要乘火箭或到空间站，坐失重飞机其实也可以。

宇宙揭秘

失重航班　在日本爱知县的小牧机场就有可以体验失重的航班。

到太空后，人会长高

长高7厘米!

如果一个人在太空中长时间处于失重状态，就会变高。身高具体增加多少因人而异，一般能长高1～2厘米，也有能一下长高7厘米的。之所以会变高是因为脊椎软骨不用再承受重力。

不过大家也不要高兴得太早，因为在太空中长出的身高不是永久性的，一旦回到地球就又会变回原来的身高。

其实在地球上也有同样的现象。比如人在睡觉时脊椎软骨承受的重力较小，所以刚睡醒时测量的身高要比其他时段测量的高一些。

宇宙揭秘

失重对人的影响 在失重状态下是用不到肌肉的，所以肌肉的力量会慢慢减弱。

怪奇指数 🐙🐙🐙

空间站一直在向地球坠落

　　人只有在下落时才能体验到失重。空间站也只有在处于下落状态时，里面的人才会有失重的感觉。

　　不过，与从高处跳下和飞机降落不同，空间站一直在向地球的方向下落，同时又以很快的速度在向前飞行，所以它下落的弧度与地球本身的弧度一致，空间站里的人也就能一直处于失重状态。

　　如果想长时间体验失重状态，还是需要到太空。目前需要花四十五亿日元（约合人民币三亿元）才能体验。

宇宙揭秘

不断坠落的空间站　扔出去的石头会因重力而落地。扔的速度越快，石头下落得就越慢，也就飞得越远。如果速度快到一定程度，就能一边保持不断坠落的状态，一边沿着地球的弧度飞行。

33

太空旅行真正待在太空的时间只有几十秒

太空旅行是近几年的热门话题。很多人都梦想着能上一次太空，目前科研人员也在进行这方面的研究。日本打算推出的三千万日元（约合人民币两百万元）的太空旅行项目，受到了很多人的追捧。据说人们可以坐上宇宙飞船，然后靠着火箭加速器的助推一口气冲到太空去！

不过在几十秒之后，宇宙飞船就会重返地球了。

这个项目2004年就开始宣传，每年都说"明年大家就都可以去太空了"，但截至目前，项目还没有正式开始。

宇宙揭秘

亚轨道飞行　面向民间的太空旅行采用的就是亚轨道飞行。它的原理与打棒球时投球的原理差不多。只有一瞬进入太空，然后马上在重力的作用下返回地球。

怪奇指数 🦑🦑🦑🦑🦑

空间站中的一天只有九十分钟

空间站飞行的速度是日本新干线车速的一百倍左右，它很快就能绕地球一周。

在空间站上，一天只有短短的九十分钟。在面向太阳那一侧飞行的四十五分钟是白天，进入地球阴影的四十五分钟是黑夜。这也意味着，在地球的一天里，空间站要经历十六次日出日落。

昼夜更替速度如此之快，宇航员根本无法好好休息，真是太辛苦了。

宇宙揭秘

在太空中睡觉　在太空中睡觉时，人会因为失重而到处漂浮，所以要将身体固定在床上。

前往太空之前要到大自然中进行生存训练

好冷！

宇航员在前往太空前，要具备在地球的任何地方都能生存的能力。

因为火箭升空或返回时，飞行器要飞行一段时间，其间有很多不确定因素，很有可能无法落到预定的地点。降落的地点可能是严寒的北极圈，也可能是酷热的沙漠正中央，又或是在暴风雨中的太平洋。

为了到太空去，不，应该说是为了能安全返回地球，宇航员一定要做好生存训练。

宇宙揭秘

火箭发射 火箭在发射和着陆时是最危险的。它比车辆和飞机更容易发生事故，所以目前乘坐火箭仍然是一件需要豁出性命的事。

怪奇指数 🐙🐙🐙

宇航员的年龄既不能太大，也不能太小

年龄太大或太小都无法当宇航员。

宇航员的年龄一般是 26～46 岁，平均年龄为 34 岁。

选择这个年龄段是有原因的。如果太年轻，细胞分裂比较活跃，容易受太空辐射的影响。

但太空中的条件苛刻，而且比较耗体力，所以如果宇航员的年龄太大也是不行的。

宇宙揭秘

太空辐射　在太空中会接收到来自太阳和宇宙的辐射。

宇航员的工资其实很低

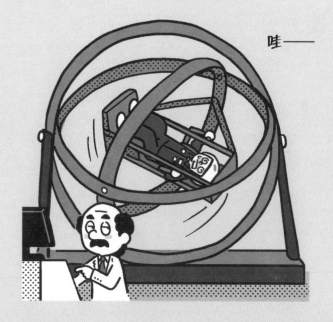

哇——

宇航员的专业素质要求很高，只有精英中的精英才能胜任，而且随时面临着生命危险。即便成为宇航员，也不一定马上能去太空，有的甚至要等上十年，而在这期间还要坚持训练。运气不好的可能根本没机会上太空。他们不知道自己面临着怎样的未来，却要一直坚持训练，真的太辛苦了。

很多人觉得，宇航员的条件这么苛刻，工资一定很高。其实他们的工资一点也不高，日本的宇航员每月只有三十万日元（约合人民币两万元），支撑着他们的也许是对太空的热情和信念吧！

宇宙揭秘

宇航员选拔考试 每隔几年举行一次。要具备很强的专业知识、语言能力、沟通能力，还要有充沛的体力和坚忍的精神才能被选上。

怪奇指数

水熊虫在太空中不会死，
但也不能动

给我个宇航服吧！

水熊虫被誉为地球上生命力最强的生物。无论是深海、高山，还是沸水或极寒的环境，都能发现它的踪迹。

最厉害的一点是，即便是在人类没有防护就会立即死亡的太空中，这种动物也能顽强生存。听到这里，大家一定会感叹"好厉害啊"，但其实水熊虫在太空中是不能动的，若要活动必须像人类一样穿上宇航服。不过水熊虫体长只有0.5毫米，怎样才能做出它能穿得上的宇航服呢？

宇宙揭秘

水熊虫　一种非常顽强的生物，干燥脱水、冷冻、压扁，甚至暴露在辐射中，它都不会死。

日本之所以不发射载人火箭，是因为没钱

日本是为数不多的拥有火箭技术的国家之一，但却一直没有发射载人火箭。

主要原因并不是技术落后，而是因为载人火箭虽然耗资巨大，却没带来多少实际收益。

发射载人火箭需要准备特殊训练用的设备，还需要载人专用的新装备。为了研究得比现在更广泛、更深入，也需要大量的资金投入。

JAXA（日本宇宙航空研究开发机构）的预算非常有限，根本没有钱制造载人火箭。因此日本想把宇航员送上太空，必须求助于能发射载人火箭的国家。

宇宙揭秘

载人宇宙飞船　现在能把人运送到太空的只有俄罗斯、中国和美国。

航天飞机退役，是因为没有经费了

　　航天飞机是能够往返于地球和太空间的载人飞行器，承载着很多人探索宇宙的梦想。然而，它却在还能使用的情况下，提前退役了。

　　很多人认为航天飞机退役，是因为经常发生事故，其实并非如此。航天飞机发生事故的概率，其实跟火箭发生事故的概率差不多。

　　真正的问题在于它所花费的巨额经费。航天飞机能够往返，看起来好像花不了什么钱，但其实耗资巨大。而 NASA（美国国家航空航天局）的预算是有限的，他们制订了新的研究计划，于是只能让航天飞机提前退役了。

　　如今，空间站也成了一个经济负担，看来它离报废的日子也不远了。

宇宙揭秘 ———————————————————————

月球基地计划、火星基地计划　　现在太空开发的新舞台是火星和月球。人类活动的场所正慢慢延伸至地球以外的星球。

火箭和导弹之间的差别很小

火箭和导弹虽然是不同的东西，但本质上却非常相似。

它们的主要区别在于是否具有制导系统，有制导系统的是导弹，没有的则是火箭。

火箭烟花（又名"窜天猴"）和"水火箭"都是利用火箭原理制成的，所以它们都没有制导功能。而战斗机和驱逐舰发射的都是导弹，它们都具备制导功能。

弹道导弹尽管没有制导功能，但也能攻击特定的目标。所以，虽然从定义上来看，它属于火箭，可还是被称为"导弹"。

而且，现代运载火箭大多来源于弹道导弹。说到底，火箭本来就是参照弹道导弹设计出来的，所以，二者之间的区别还是很微妙的。

宇宙揭秘

R-7 火箭（苏联）、红石运载火箭（美国）　人类在探索太空初期使用的火箭都是由弹道导弹衍生而来的。说起来，弹道导弹可以称为火箭的"鼻祖"了。

制导功能　追逐目标并成功命中的功能。

宇宙飞船在燃料用完后也能继续飞行

逆向喷射开始!

隆隆隆

汽车和飞机如果没有燃料就无法行进了,而宇宙飞船即使燃料用光了也能继续飞行。

不用燃料就能飞行,听起来似乎是件好事,但其实这种情况是最棘手的。因为宇宙飞船会一直飞下去,根本停不下来。

想让宇宙飞船停下来,就必须使用燃料让引擎向相反的方向喷射,这样才能减速。如果在地球轨道上用完了燃料,就意味着宇宙飞船再也回不了地球,只能永远在太空漂流了。

宇宙揭秘

惯性定律 没有外力作用时,静止的物体会保持静止,而运动的物体则会继续以原来的速度做匀速直线运动。这是牛顿第一运动定律。

怪奇指数 🎐🎐🎐🎐

如果不穿宇航服进入太空，
九十秒就会死去

　　人类如果不穿宇航服直接进入太空，九十秒后就会死去，死因是窒息。肺部的空气被排到太空后，人就无法呼吸了。

　　你可能会想，只要屏住呼吸就行了。但在太空中这是做不到的，因为空气会被一股很强的力量强行挤出。即使捂上鼻子和嘴，空气也会从鼻子转到耳朵，然后冲破鼓膜排出。

　　窒息而亡后，身体的血液会先沸腾，然后再冻结，最后尸体变成木乃伊状。

宇宙揭秘

为何在太空中空气会被挤出体外　因为太空中的气压很低，在气压很低的情况下，气体会膨胀。人类肺部的空气也会膨胀，然后被挤出体外。

气球是人类探索太空的幕后英雄

提到探索太空，很多人第一个想到是火箭。但其实看似普通的气球，在太空开发中起着至关重要的作用。最有力的证明就是，目前JAXA（日本宇宙航空研究开发机构）和NASA（美国国家航空航天局）都致力于气球方面的研究和实验。

大型气球能飞到几近真空的太空边缘，所以我们能用它做很多太空实验。

火箭一旦升空就很难回收，可气球回收起来却简单得多，而且还可以反复改良后再使用。

可以说，气球是支撑太空开发的幕后英雄。

目前还有人打算利用大型气球能飞到太空边缘的性能，来开发太空旅行项目。

宇宙揭秘

大型气球　直径一百米左右，用于太空实验的巨大气球。

第 2 章

关于地球和月球的神秘传闻

地球是我们居住的星球，月球则是围绕地球旋转的卫星。这两
个我们都很熟悉的天体，其实也有很多令人不可思议的趣闻。

向流星许愿是件很容易的事

可以随便许愿啦……

"向流星重复许愿三次，愿望就会实现。"相信很多人都听说过这个浪漫的传说。不过，流星很不常见，即使碰到也是转瞬即逝，根本没有许愿的时间。如果你有这样的烦恼，下面的消息一定能让你精神为之一振。

据说每秒有超过两亿颗，每天有超过两万亿颗流星落到地球上，只是我们看不见而已。虽然肉眼不可见，但其实每时每刻都有大量的流星从天空中划过。所以，大家可以自己选个时间，随心所欲地许愿。

宇宙揭秘

流星 流星是小石块、宇宙尘埃等在进入地球大气层时燃烧所产生的天文现象。如果流星没有燃尽就落到地球上，就会变成陨石。

怪奇指数 🐙🐙🐙

我们肉眼可见的星星也就一千颗左右

多如繁星，是一个形容数量多的比喻。

在安慰失恋的朋友时，我们经常会说"别难过，女人（男人）多如繁星"。

但其实从地面上肉眼能观测到的星星，也就一千颗左右。如果是在灯火通明的大都市，基本上只能看到二十颗左右。因为城市里的灯光太亮了，把星光都掩盖起来了。

看来星星并没有我们想象中那么多，还是好好珍惜自己遇到的人吧。

宇宙揭秘

地球上肉眼可见的星星　现代人的视力不如古代人好，基本上只能看到四等星。据说眼神特别好的人，可以看到六等星。

一个普通的中年男子，
竟成了月球的拥有者

月亮是属于我的！

哈哈哈哈……

"出售月球土地"事件曾轰动一时。不过既然能出售，就意味着月球是属于个人的财产。

《外层空间条约》规定"外太空天体的主权不为任何一个国家所有"，但却没有说不能属于个人或公司。

有个美国人就钻了空子，他宣布"月球是他的个人财产"，并开始出售月球上的土地。

而且，这个出售月球土地的人既不是宇航员，也不是NASA的职员或政治家，他只是一个普通的大叔而已。

月球是人们熟悉的天体之一，如今却有人明目张胆地出售它。看来等以后真正开始开发月球时，大家要好好坐下来谈一谈了。

宇宙揭秘 ────────────────────────────

《外层空间条约》 制定了从事航天活动所应遵守的基本原则，如自由探索和利用外层空间、禁止将外太空据为己有等。

怪奇指数 🐙🐙

捡到陨石就能变成大富翁

陨石可以说是地球上最值钱的东西了。一克黄金或铂金的价格是数百元，一克陨石却可以卖到数万元。一颗陨石拍出几百万元也是常有的事。

所以世界上有一种名为"陨石猎人"的职业。从事该职业的一些人单靠陨石就赚了几千万元，真是太惊人了。

看到这里，你是否也想通过陨石成为亿万富翁呢？虽然有点俗气，但这也算是宇宙的一个浪漫之处吧。要找陨石的话，推荐大家去南极或沙漠。

宇宙揭秘 ————————————————

陨石的种类 陨石主要分为铁陨石、石铁陨石、石陨石三类。其中比较珍贵的是石铁陨石。

怪奇指数 👻👻👻

地球曾经拥有两个月亮

像苍蝇一样······

迷你月亮

　　大家知道吗？其实地球曾经拥有两个月亮。但人们在发现第二个月亮后，一直没太关注它。

　　这也情有可原。因为第二个月亮的体积非常小，表面坑坑洼洼，而且肉眼根本不可见。它距离地球很远，实在是没什么可说的。

　　不知道是不是因为没人关注而闹情绪，这颗迷你月亮最近竟然消失了。也许过段时间它又会重新出现，届时还请大家多多关注它哦。

宇宙揭秘

迷你月亮　有时，小行星会被地球的引力捕捉，然后成为地球的迷你月亮。虽然目前只发现了一个，但科学家们普遍认为地球周围存在着多个迷你月亮。

地球和月球之间
能放下太阳系的七大行星

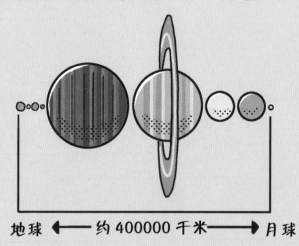

地球 ◀━━━━ 约 400000 千米 ━━━━▶ 月球

　　月球是距离地球最近的天体。我们感觉它好像就在地球附近，但实际二者间的距离非常远。地球与月球之间的距离大约能绕地球十周。这样说可能不太容易理解，我们换个说法：地球和月球之间几乎能放下太阳系的七大行星。

　　听起来很不可思议？那么让我们来计算一下吧。水星直径 4879 千米、金星直径 12104 千米、土星直径 6792 千米、木星直径 142984 千米、土星直径 120536 千米、天王星直径 51118 千米、海王星直径 49528 千米。算算吧，它们加起来一共是多少呢？

宇宙揭秘

太空（space）　太空对应的英文单词是"space"，而 space 的原意是"什么都没有的空间"。因为太空本来就是什么都没有的空间。

怪奇指数 🦑🦑

放射性物质是行星孕育生命的重要物质

有很多放射性物质!

放射性物质

　　在很多人眼中，放射性物质是一种让人避之不及的可怕物质。但其实对于地球而言，放射性物质是非常重要的。可以说，正是放射性物质让地球成为能孕育生命的星球。

　　众所周知，地球内部都是熔化的岩浆。为什么地球内部的温度会高到让岩石都熔化呢？其实这都是放射性物质的功劳。

　　地球的旋转产生了磁场，磁场可以保护生命免受宇宙辐射的伤害。但如果没有放射性物质，地球就会逐渐冷却并静止下来，最后变成一个生命无法存活的星球。所以放射性物质其实是行星孕育生命的重要物质。

宇宙揭秘

质量损失 放射性物质核裂变后质量会变小，这种现象被称为"质量损失"。据说每年地球的重量都要因此而减少。

地球刚诞生时
一天只有五个小时

已经早上了？

一天二十四小时、一年三百六十五天是理所当然的？不，并非如此。从地球诞生起，这个数值一直在改变。

地球刚诞生时，一天只有五个小时左右，一年则有两千天。

随着时间的推移，一天的时间逐渐增加，一年的天数则随之减少，慢慢地演化成了如今的一天二十四小时、一年三百六十五天。

以后，一天的时间还会继续增加，一年的天数也还会继续减少。再过几亿年，人们上学和上班的天数应该会比现在少很多吧！

宇宙揭秘

一天的长短与月球的关系 一天的长短与地球和月球之间的距离有关。月球离我们越近，一天的时间就越短，反之则越长。现在月球正在远离地球，一天的时间也在变长。

怪奇指数 🎐🎐🎐

日心说是正确的吗

我也在旋转哦！

地球

　　很久以前，人们就日心说和地心说展开了一场激烈的辩论。地心说认为地球是宇宙的中心，太阳和其他行星都在围绕着地球转动。而日心说则认为太阳是宇宙的中心，地球和其他行星都在围绕太阳转动。现在大家都知道，日心说是正确的，但是有一定的局限性。

　　其实太阳不是静止不动的，它会围绕着银河系转动，旋转一周约需两亿五千万年。实际上，就连银河系也是运动着的，将来它可能跟相邻的星系相撞。

宇宙揭秘

仙女星系　与银河系相邻的星系，据说四十亿年后它会与银河系相撞。

人类没有能力阻止小行星撞击地球

恐龙是因为小行星撞击地球而灭绝的。

如果将来又有小行星向地球飞来，会发生什么呢？靠目前的科学力量能避免撞击吗？

从结论上来说，撞击是无法避免的。即使将地球上所有的核弹都发射出去，也无法击落小行星或是改变小行星的行进路线。真的到了那一天，人类只能与其他动物一样，眺望着飞来的小行星等待灭亡。在这种灭顶的天灾面前，人类还是有心无力的。

宇宙揭秘

恐龙灭绝的原因 恐龙因小行星撞击地球而灭绝，这是目前最普遍的说法。

人类没有灭绝的原因 只是运气好而已。

怪奇指数 🎐🎐🎐🎐🎐

现在的月亮看上去要比以前小很多

以前的月亮

14倍

现在的月亮

　　据说月球刚形成时，看上去是现在的两百倍大，之所以看上去那么大，是因为当时它离地球很近。想必那时的满月一定非常壮观吧。

　　听到这里，也许有人想亲眼看一看，不过还是劝大家不看为妙。因为如果月球离地球太近，海水的涨潮会达到一百米以上，能瞬间吞没一个城市。只有月球远离了地球后，地球的环境才变得更适宜人类居住。如今月球正以每年四厘米的速度远离地球，看来以后月亮会变得越来越小了。

宇宙揭秘 ━━━━━━━━━━━━

月球的诞生　关于月球起源有很多假说，其中比较有力的是大碰撞学说。该学说认为，地球刚形成不久就与一颗小行星撞击，月球就是碰撞后的碎块凝聚而成的。

怪奇指数 🐙🐙🐙🐙

地球每年要减轻五万吨

我一年能减掉五万吨哦。

落在地球上的流星特别多，地球每年要因此增重五万吨。同时，每年会有十万吨的气体从地球上飞到宇宙中。合计一下，地球每年要减轻五万吨左右。

如果地球每年都减重，那地球将来会不会就这样减没了呀？其实不用担心，因为地球的重量约为六十万亿亿吨。照这个速度减下去，即使地球的寿命走到尽头，也不会减完。

宇宙揭秘 ——————————————————

氦（hài）气　很轻的气体，生活中最常见的用途就是给气球充气。因为它太轻了，所以会飞向太空。

64

怪奇指数

地球还能再住十亿年左右

好热！

　　太阳自诞生起，亮度就一直在增强，据说它现在的亮度已经比诞生时的亮度增强了30%，而且今后还会继续增强。

　　照这样发展下去，大约十亿年后地球上的水分就会全部蒸发，大海、江河也会干涸（hé）。假如真的发生这种情况，生物就无法在地球上生存了。

　　所以人类能在地球上居住的时间只剩十亿年左右了。如果不想跟地球一起毁灭，人类需要在此之前就制造出更先进的宇宙飞船，以便移居到其他星球。

宇宙揭秘

温室效应　最近人们都意识到地球变暖了，并就此展开了激烈的讨论。不过，这并不是太阳的原因，而是我们人类自己造成的。

地球终将被太阳吞噬

大约五十亿年后，寿命将近的太阳会不断膨胀。

在膨胀的过程中，它可能会吞噬水星、金星，还有火星等星体。

地球最后恐怕也难逃被太阳吞噬的命运。

听到这个消息，大家可能会很担心。但其实大约十亿年后，地球就会变成没有生命的星球。地球被太阳吞噬是地球生命消失很久之后才会发生的事。当然，我们栖息的星球终将消失，这还是很让人感慨的。

宇宙揭秘

红巨星 像太阳这样的天体寿命将至时，会不断膨胀，成为一个巨大的红色星球。

一起来找碴儿

这张图有一个地方画错了，是哪里呢？

答案在 p143 哦。

第 **3** 章

太阳系中令人惊讶的奥秘

让人熟悉又陌生的太阳系，也有令人惊讶的一面哦。

怪奇指数 🦑🦑🦑

关于太阳系，
其实我们知之甚少

> 太阳系大概有八颗行星……
> 呃，其实真实情况我也不清楚……

迄今为止，人类一直在探索宇宙。

然而，我们却连太阳系都知之甚少。

比如，大家都知道太阳系有八大行星（水星、金星、地球、火星、木星、土星、天王星、海王星）。但其实我们对海王星外侧的情况一点也不了解，所以无法确定那里究竟还有没有其他行星。

也许在太阳系某处存在着其他生命体，可我们对此却一无所知。

宇宙揭秘 ────────────────

冥王星 原本认为它是行星，但因为一些细微的差异，现在将其定义为矮行星。

空间探测器 探索宇宙的无人航天器，比如日本"隼鸟号"探测器。

70

怪奇指数

月球上的垃圾已经有一百八十吨了

垃圾山

这个要怎么处理呢？

　　人类登上了月球，也因此留下了无数垃圾，比如登月舱、月球车以及大量的大便、小便、呕吐袋、高尔夫球等。这些垃圾的总量已经达到一百八十吨。

　　也许你会想，人类真是会到处制造垃圾啊。

　　但其实这些垃圾是非常珍贵的宝藏，因为它们是人类历史的宝贵财富。也许将来，登月之处会成为一个旅游胜地，那时就连呕吐袋也会成为珍贵的科学资料。所以，虽然月球的表面堆满了垃圾，却没有一件东西是完全没用的。

宇宙揭秘

为什么要留下垃圾 太空飞船的重量越轻越好，所以要尽可能丢弃没用的东西。火箭发射时会一点点分离箭体也是同样的原因。

怪奇指数 🐙🐙🐙🐙

太阳其实并没有在燃烧

太阳光温暖又刺眼，看起来好像一直在剧烈地燃烧着，其实并非如此。因为太阳上几乎没有燃烧所必需的氧气，所以即使想燃烧也燃不起来。太阳光其实是由核聚变产生的。

如果太阳真的在燃烧，那么很快就会燃尽。同样体积的木炭能燃烧两千三百年，而同样体积的石油则能燃烧四千六百年。

到目前为止，太阳已经闪耀了四十六亿年，今后还将继续闪耀五十四亿年左右。由此看来，核聚变真是厉害啊！

宇宙揭秘

核聚变 世界上所有的物质都是由原子这种微粒构成的。两个原子核相互聚合后又会形成新的原子核，并伴随着巨大的能量释放，这个过程就被称为"核聚变"。

怪奇指数 🐙🐙🐙🐙🐙

宇宙中有一颗会洒酒的星星

　　职业棒球联赛中，获胜的队伍常常会喷洒啤酒来庆祝胜利。其实宇宙中也有一颗会洒酒的彗星。

　　这颗彗星喷洒的酒能让地球上的所有人都畅饮一番。它在喷射最激烈时，每秒释放的酒精量相当于一千五百瓶啤酒的酒精总含量。

　　真是一颗豪爽又大方的星星，看来一定是有什么好事要庆祝吧。它已经不是普通的彗星，而是一颗"醉星"了。

宇宙揭秘

彗星 也叫"扫把星"。它跟流星不同，会拖着长长的尾巴在空中停留一段时间。上文那颗会洒酒的彗星名叫洛夫乔伊彗星（C/2014 Q2）。

有颗星星的名字叫"章鱼烧"

章鱼烧小行星（6562 Takoyaki）位于火星和木星之间的小行星带。

它为什么叫"章鱼烧（Takoyaki）"呢？原来当初为了引起孩子们对太空的兴趣，天文学家向他们征集小行星的名字并进行了投票，最后胜出的就是"章鱼烧（Takoyaki）"这个名字。

除了"章鱼烧"之外，还有很多名字奇怪的小行星，比如"龙宫"等，另外还有以卡通人物和特摄（特殊效果摄影或特殊技术摄影的简称）角色来命名的小行星。

小行星的发现者拥有命名权。现在宇宙中还有很多未知的小行星，大家可以尝试去找一找，然后给它取一个自己喜欢的名字。

宇宙揭秘 ————————————

没有名字的小行星　目前还有一大半的小行星未被发现。也就是说，可以命名的小行星还有很多。

宇宙中有一个茶壶吗

你听说过"宇宙茶壶"吗？我们不知道它在哪儿，甚至不知道它是否真实存在，但这是哲学家罗素提出的一个概念。

请想象，有人说"宇宙中有一个茶壶"，大家都知道茶壶肯定是不存在的，所以你会反驳"怎么可能有"。然而那个人对你说："那请你证明一下。"这时你会发现你根本拿不出相关的证明。

罗素以茶壶类比说道："有关神这个命题也是同样的道理。"也就是说，对神持怀疑态度的人也有举证的责任。

世界上有很多东西，我们难以证明其真实存在，但它们却存在于我们的常识和道德中。所以即使听上去很荒谬，但宇宙中可能真的有茶壶。顺便一提，宇宙中还有金唱片（Golden Record）。

宇宙揭秘

金唱片（Golden Record）　"旅行者号"探测器上携带的金色唱片。这两个探测器（1号和2号）将进行一场没有目的地的漫长旅行。即使人类灭绝，它们也将携带人类存在过的证明继续旅行。

我们现在看到的太阳
是八分钟之前的太阳

　　抬起头，你现在所看到的太阳其实是八分钟之前的太阳。为什么会发生这么不可思议的事呢？这是因为光的传播需要时间。这与放烟花时声音和烟花不同步是一样的道理。只要距离够远，连光也会慢半拍。

　　星星距离地球比太阳距离地球更远，星光到达地球需要的时间也更多，甚至有的要花上数亿年、数十亿年。我们现在看到的星光是它们许久之前发出的，至于它们现在是什么样，谁也不清楚。也许它们早已爆炸并消失，现在也不再发光。

宇宙揭秘 ―――――――――――――――――

光速　光传播的速度。光速非常快，一秒可以绕地球七周半。

怪奇指数

太阳系有五颗带环的星星

环

土星是一颗带环的行星，它的环非常漂亮。喜欢天文学的人一定还知道其他的带环行星，比如木星、天王星和海王星。太阳系一共有五颗带环的星星。

咦，怎么少了一颗？其实第五颗带环的星星并不是行星。它是名为"Chariklo"的小行星，它的光环非常美丽。

此外，火星的卫星目前正在坠落。它将来会粉碎，然后变成火星的光环。火星环会是什么样呢，真是令人期待呀！

宇宙揭秘

环　围绕星星旋转的环状带被称为"环"。它并不是一个完整的圆环，而是由冰或岩石等组成的环状带。

把垃圾扔到太阳上是不可能的事

如果太阳能成为我们的垃圾箱，那将是一件多么美好的事啊。

太阳能将我们无法随意丢弃的垃圾（比如放射性物质、有毒物质、淘汰的武器等）燃烧殆尽，所以向太阳运送垃圾听起来是个不错的方案。

不过从现实角度出发，把地球上的垃圾扔进太阳中只是美好的愿望。因为飞向太阳需要大量的燃料，即使使用人类历史上最大的火箭，也无法将垃圾运送到那里。

而且火箭本来就容易发生事故。如果在运输危险垃圾的过程中发生故障，还可能引发前所未有的大灾难。

宇宙揭秘

把垃圾扔到太阳上　NASA 曾经认真探讨过这个问题，但最终的结论是无法实现。

小行星带其实非常空旷

　　小行星带是那些没能成为行星的星星碎片聚集的地方，位于火星和木星轨道之间。由于小行星带是小行星最密集的区域，这个区域因此也被称为主带。人们误以为这里的小行星距离很近，必须像走迷宫一样穿过它们。科幻电影和科幻漫画中经常出现危急时刻逃入小行星带的剧情。

　　其实，小行星带是很空旷的，即使进去也没什么地方可躲。最有利的证据就是，从地球发出的探测器每次都能顺利通过小行星带。

　　小行星带太空旷了，因此小行星之间很少发生相互撞击。即使是科幻作品中的宇宙舰队一起通过，应该也没什么问题。

宇宙揭秘

小行星带　英文名是"asteroid belt"。位于火星和木星之间，由数百万个小行星组成。

小行星其实一点也不小

〈小行星〉

〈月球〉

直径 1000 千米

直径 10 千米

　　小行星的名字中带个"小"字,所以很多人误以为它们体积很小。其实小行星是很大的。小行星小一点的直径可能有10千米,大的直径可达1000千米。当初让恐龙灭绝的小行星的直径就大约是10千米。而比它大的小行星可谓比比皆是。

　　如果小行星真的撞击地球,那生物就只能从单细胞开始重新来过了。目前人类在尽自己最大的努力监测着小行星的动向,但也无法做到滴水不漏。也许有一天灭顶之灾会突然降临,我们只能祈祷这种情况不会出现。

宇宙揭秘 ━━━━━━━━━━━━━━━━━

小行星　由岩石构成的小型天体。小行星带和冥王星外围分布着很多小行星。

太阳和八大行星大小对比

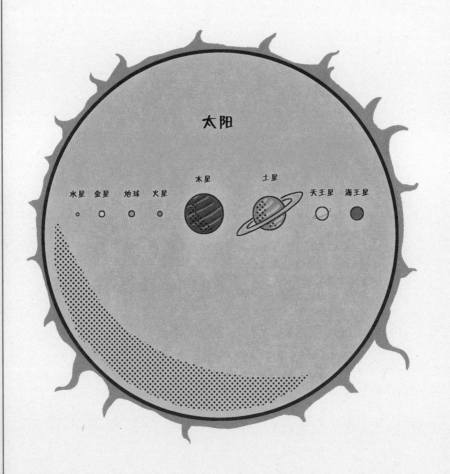

对比后可以看出，太阳是超级大的。木星和土星也比地球大不少。

第 **4** 章

探索太空中的神奇发现

人类最近开始探索遥远的太空了，那里竟然也有很多令人惊奇的趣闻！

牛郎和织女在七夕是无法相见的

见不到……

相传，牛郎和织女只有在七夕那天才能相见。但实际上他们是无法相见的。

织女星和牛郎星之间的距离很遥远，即使是用光速也要走上十五年。星体在太空中的移动速度无法超过光速，所以他们在七夕那晚是绝对无法相见的。这听起来真是太可怜了。

需要说明的是，虽然看起来是一颗星星，但牛郎星其实是有三颗伴星的四重联星。牛郎星竟然是四胞胎？！看来这个故事的设定不太准确啊。

宇宙揭秘 ──────────────

联星 指两颗以上的恒星在一起旋转的恒星系统，在宇宙中很常见。

怪奇指数 🐜🐜🐜🐜

宇宙中有一颗钻石行星

　　钻石是一种珍贵、美丽且价格高昂的宝石。在地球上，它是很贵重的东西，但在某颗星球上却并非如此。

　　宇宙中有一颗由钻石构成的行星，上面的钻石总储藏量高达 10^{29} 克拉，其重量是地球重量的三倍。

　　听到有这么多钻石，大家一定很雀跃吧。但这个行星离我们太遥远了，我们无法把这些钻石带回来。看来，我们只能远远地欣赏了。

宇宙揭秘

巨蟹座 55e　钻石行星。距地球约四十光年。

系外行星探测　寻找太阳系外行星的探测活动。

某颗远方的星星死亡时，我们也可能跟着灭亡

　　某颗距离地球很远的巨星正在死亡。也许你会说，离得那么远，死就死了呗。但这可不是事不关己的时候，因为人类也可能因此而灭绝。

　　一颗巨大的星星死亡时，会引发大爆炸，还会释放出超强的射线传到地球。如果运气不好遭到射线直射，恐怕所有生物都会死亡。

　　我们对此毫无对策，因为只有在射线直击地球，也就是我们灭亡时，我们才会知道发生了恒星爆炸。真是太恐怖了！

宇宙揭秘

超新星爆发　某些比太阳大的恒星在演化接近末期时发生的大爆炸。

伽马射线暴　超新星爆发时发出的射线。据说曾引发过地球大灭绝。

怪奇指数 🦑🦑🦑🦑🦑

如果人掉进黑洞，会发生什么

　　如果人掉进黑洞，会发生什么？也许这个人会分裂成两个人。其中一人瞬间化为灰烬，而另一人则毫发无损地落入黑洞，然后见证宇宙的终结。

　　能用快进的方式看到整个世界，应该是件很棒的事吧！

　　也许你根本听不懂我在说什么。没关系，其实有些事连科学家们也不太明白。因为没人知道黑洞里到底是什么样，我们已知的物理定律都不适用于黑洞。

宇宙揭秘

事件视界（event horizon）　我们是无法看到黑洞本身的，只能看到黑洞的边界。在此边界内连光都无法逃离，看起来就像宇宙中出现了一个黑色的洞。

黑洞并非什么都能吞噬

连光都无法逃离黑洞。听起来好像黑洞能吞噬一切，但其实根本不是这样。

黑洞本质上只是一个比较重的天体而已。只要距离够远，即使围绕着它旋转，也不用担心会被它吸进去。

假如太阳突然变成了黑洞，地球和月球也不会被吞噬。因为与太阳质量相同的黑洞，重力也跟太阳一样，所以地球和月球还会照常运转。

唯一的区别在于，变成黑洞后的太阳就不能继续发光发热了。

所以，想被黑洞吞噬，其实也不是件容易的事呢。

宇宙揭秘 ────────────────────────

如何掉进黑洞　假如太阳变成了黑洞，想掉进去需要用火箭加速到108000km/h。这比逃离太阳系还要难。

如果从太空观测，星座会呈现完全不同的形状

古人眺望星空时，根据星星构成的形状，将它们划分为巨蟹座、鲸鱼座、天鹅座等星座，因为古人相信天上有神明。

不过，这些星座的形状只有在地球上看上去才是如此。如果从远离太阳系的太空来观测，星座会呈现出完全不同的形状。

因为宇宙并不是一个平面，星星是立体分布的，所以星座的形状会随着观测地点的改变而改变。从遥远的太空来看，太阳也只不过是夜空中的一颗星星而已。

宇宙揭秘

恒星 夜空中闪耀的大多是恒星。恒星是像太阳那样自身会发光的星星。星座中的星星都是离地球很近且非常明亮的恒星。

怪奇指数 🐙🐙🐙

有些星星看起来很亮，其实只是离地球比较近而已

夜空中耀眼的星星一般都是一等星或二等星。这些星星看起来很亮，所以一直深受人们喜爱，甚至被编入星座。

其实，这些星星本身的亮度不是很高，而且体积也不大，只是离地球比较近罢了。光与人的距离越近，看起来就越亮。你身边的灯看起来比夜空的星星亮得多，就是最好的证明。

很多星星看起来黯淡无光，其实比太阳更大、更亮。

宇宙揭秘

亮度　与观测者的距离增至 2 倍远，亮度就会减至 1/4；距离增至 3 倍远，亮度减至 1/9；距离增至 4 倍远，则亮度减至 1/16。如果距离增至 10 倍远呢？

宇宙物质还有 96% 是未知的

　　人类经过很多探索研究后终于搞清了一点，就是构成星星、黑洞和星系的物质只占整个宇宙的4%，而剩下的96%都是人类未知的！

　　科学家们将宇宙未知部分中的22%命名为"暗物质（dark matter）"。暗物质如它名字一般，是被黑暗包围的谜团，虽然看不见摸不着，但确实存在着。未知部分剩余的74%则被命名为"暗能量（dark energy）"。它既无法检验，也无法测定，但也确实存在着。神奇的宇宙真是充满了未知啊。

宇宙揭秘

暗物质、暗能量　科学家们也不知道它们到底是什么。或许以后会慢慢弄清吧。

怪奇指数

宇宙并不是完全真空的

我的钱包也不是真空的……

　　真空，从字面意思来看，是指真正完全空的。很多人以为宇宙是真空的，是空无一物的，但其实里面有少许气体。

　　即使真有空无一物的空间，也会突然从"无"中产生一些小的物质颗粒。所以宇宙中不存在完全真空的空间。

　　既然没有完全的真空，那"真空"这个词就用来形容空气或气体比平时少的情况了。虽然字面意思与真实含义不能完全对上，但能用空气少的状态做实验或生产产品，这就足够了。

宇宙揭秘

　　场（field）　在一个空间里弥散着同样状态的无数个点。这个像平静的大海一样的东西，我们称之为"场"。例如，当有电磁波时，就会产生"光子"这种粒子。

本书中出现的火箭一览

V2 火箭　红石式运　R-7 火箭　联盟号宇宙飞船　　航天飞机　长征系列运载火箭
德国　载火箭　苏联　苏联、俄罗斯　　美国　中国
　　美国

历史上最　初期的宇宙火　　　　能将人类带到太空的宇宙飞船。
早的宇宙　箭。由弹道导弹　　　航天飞机已经退役。现在只剩
火箭。　衍生而来。　　　　下联盟号宇宙飞船和长征系列
　　　　　　　　　　　　　运载火箭了。

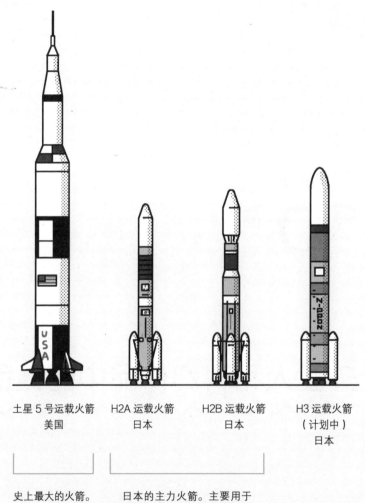

土星 5 号运载火箭
美国

H2A 运载火箭
日本

H2B 运载火箭
日本

H3 运载火箭
（计划中）
日本

史上最大的火箭。
曾在"阿波罗计
划"中使用。

日本的主力火箭。主要用于
给人造卫星和空间站发射补
给船。

第 5 章

外星人和科幻作品中的谜团

本章网罗了有关科幻作品和外星人的奇趣怪闻。

怪奇指数 🐙🐙🐙

类似地球的星球其实并不少见

嗨！

　　地球是一颗可以孕育生命的星球。很多人曾以为地球在宇宙中是独一无二的。

　　但最近的研究表明，宇宙中至少有一千亿个星系，每个星系又大概有一千亿颗星星。由此推断，有生命居住的行星应该不会很罕见。

　　毕竟仅在银河系，就有约三亿颗星星上可能存在生命。也许宇宙中到处都有生物吧！

宇宙揭秘

银河系　地球所属的星系。它只是宇宙无数星系中的一个。

怪奇指数 🐙🐙🐙🐙🐙

宇宙中有很多外星人

　　"外星人真的存在！"过去，说这种话的人往往会被当成沉迷于科幻作品的"妄想狂"。

　　但据科学家推测，银河系中可能存在超过一万三千个凌驾于人类文明之上的文明。看来宇宙中可能真的有很多外星人。

　　也许居住在某个星球的外星人，也会像我们一样指着夜空中的星星说出这样的话——"那颗星星上可能有外星人哦。""快别说啦，真可怕。"明明有这么多外星人，却至今都没有人类与它们接触的正式资料，到底是为什么呢？

宇宙揭秘

德雷克公式　用来计算外星文明数量的公式。

SETI 计划　寻找外星人的计划。

章鱼形状的外星人是因误会而产生的

　　章鱼形状的外星人是流传最广的外星人形象。为什么外星人大多被设计成章鱼的样子呢？原因是这样的：以前人们用望远镜观测火星时，认为上面存在外星文明（其实这只是一场误会）。然后人们又认为火星上的外星人在外形上更接近章鱼（当然这还是误会）。有人按照这个设想画出了章鱼形状的外星人，结果就莫名其妙地流传开来。

　　欧洲人普遍认为章鱼是很恶心的生物，所以章鱼形状的外星人在他们眼里就是恐怖的怪物。

　　但对日本人来说，章鱼非但不恐怖，还很可爱。假如它们真的来攻占地球，只要想想"章鱼烧来了"，就一点也不可怕了。欧洲人为什么那么怕章鱼呢，真是令人费解。

宇宙揭秘

帕西瓦尔·罗威尔　误以为火星上有外星文明的美国天文学家。

章鱼　有些奇葩的学说认为，地球上的章鱼其实来自外星球。

章鱼的吸盘在太空中将失去作用

太空的环境其实一点也不适宜章鱼生存。因为在太空中，章鱼的吸盘会失去作用。

章鱼的吸盘能吸附东西主要依靠的是压力差。可太空中几乎没有空气，因此也就没有压力差。所以章鱼在太空是无法使用吸盘的。由此可见，即使章鱼形状的外星人真的来攻占地球，也没什么好怕的。

顺便一提，其实乌贼也有吸盘，不过它的吸附原理与章鱼的吸附原理截然不同。乌贼的吸盘内有爪子，能靠爪子抓住东西。所以乌贼即便是在太空中也能使用吸盘。看来对乌贼形状的外星人，我们还是要多加防备啊！

宇宙揭秘

吸盘　如果章鱼的吸盘破了或脏了，就无法产生压力差，也就不能再吸附东西了。

在太空中是看不见激光的

科幻电影和动画中经常出现激光光束。宇宙飞船用激光炮扫射，看起来非常厉害。

但是从科学的角度讲，这是不可能发生的事。因为激光只有在空气中才可见，在太空中是无色透明的，人的肉眼根本看不见。

你可能会说："宇宙飞船射出不可见的激光，这一点儿也不帅！"

那你看这样如何：在太空中，等离子光束是可见的，只要将激光炮换成等离子炮，宇宙飞船就又能帅气地扫射了（当然等离子炮在战争中不一定派得上用场）。

宇宙揭秘　————————————————————

等离子体　高能量物质。火焰、雷电、极光和太阳都算是等离子体。

物体进入大气层时会燃烧并不是因为摩擦生热

　　宇宙飞船在进入大气层时会产生熊熊燃烧的红色火焰，据悉，火焰燃烧的温度可能会超过10000℃。

　　很多人以为燃烧是因为摩擦生热，但其实这是空气的性质造成的。

　　空气遭到剧烈压缩时会产生超高温。当宇宙飞船以极快的速度进入大气层时，飞船前方的空气被剧烈压缩，就会导致温度上升并燃烧起来。

宇宙揭秘

绝热压缩　空气在遭到剧烈压缩时产生高温的现象。这个现象也被应用在汽车引擎和空调上。不过绝热压缩不是常用词，记住了可能也用不上。

怪奇指数

将飞船的船头对准地球并喷射引擎，是无法回到地球的

　　将飞船船头对准地球，然后引擎点火，再配上一句"来，我们一起回地球吧"——这样的场景在科幻电影和动画中很常见。

　　但是这样不仅回不了地球，而且还会以很高的速度远离地球。因为引擎喷射的方向是错的。

　　要想回到地球，只能掉转船头，让引擎朝地球喷射。这样宇宙飞船会慢慢减速，然后被地球的引力捕获。这也是返回地球的唯一方法。

宇宙揭秘

重返大气层　从太空回到地球时进入大气层，被称为"重返大气层"。对宇宙飞船来说，这是最危险的时刻。

第 **6** 章

不可思议的宇宙学知识

地球的常识在宇宙中是行不通的。

而你脑中的常识在宇宙中也是荒诞不经的。

万有引力让我们互相吸引

　　将你束缚在地球上和让苹果落地的都是万有引力。既然名字里带"万有"两个字，那就意味着所有物体都拥有这种引力。当然，其中也包括你和我。

　　万有引力能够传递至无限远的地方。所以你跟你心爱的人即使相隔千里，即使中间有亿万阻隔，在万有引力的作用下，也能够互相吸引。

　　当然你讨厌的人也是，即使离得再远，也跟你相互吸引着。

宇宙揭秘 ━━━━━━━━━━━━━━━━━━━━

引力和重力　二者基本是相同的东西。重力一般特指地球（或其他天体）吸引物体的力。

怪奇指数 🦑🦑🦑🦑🦑

−270℃ 的太空其实很热

好热！

太空的温度是−270℃。听起来好像很冷，但对人类来说却是很热的地方。

因为太空中几乎没有空气，没有空气就无法散热，即使周围温度再低也没用。

在太空中，身体不但无法散热，热量还会慢慢囤积起来，这与保温杯的原理相同。加之太阳光也会给身体加温，由此看来太空的低温只是徒有其表，大家完全不用担心，去的时候也没必要带热水袋。

宇宙揭秘

保温杯　杯壁是双层的，中间抽成真空，因此可以保温。

宇宙大爆炸理论原名"宇宙火球模型"

据说宇宙是在一场大爆炸中诞生的。

不过"大爆炸"这个名字，其实是一个蔑称。这个理论刚刚提出时，其他学者认为"宇宙在'砰'的一声巨响中诞生"的想法太荒谬，于是将它戏称为"大爆炸（big bang）理论"。人们也渐渐记住了这个带有戏谑性的名字。

宇宙大爆炸理论原名"宇宙火球模型"。但"大爆炸"这个名字既顺口又好记，就慢慢取代了它的原名。

宇宙揭秘

宇宙大爆炸理论 该理论认为，宇宙从无到有是经历了一场大爆炸后逐渐膨胀形成的。虽然不知道这个理论是否正确，但目前天文学学界基本持认同态度。

怪奇指数 🦑🦑🦑🦑🦑

水在太空中能边沸腾边冻结

　　水在100℃沸腾，在0℃冻结，这是常识吧！但这只是地球的常识，在太空中是不通用的。

　　在太空中，无论多少摄氏度的水都是沸腾的。在地球上，需要持续给水加热，水才能保持沸腾状态，但在太空中却没这个必要。因为即使什么都不做，水也会一直沸腾。如果温度降低，水就会边沸腾边冻结。而且太空中的水不仅会冻结，在冰冻的状态下它还会慢慢变小，直至消失。这个现象跟干冰消失的现象差不多。

宇宙揭秘

沸腾　就是将液体煮沸。沸腾的温度与空气密度（气压）有关。水在珠穆朗玛峰和富士山上的沸点就比在地面上的低。

在太空中可以实现时空旅行

　　爱因斯坦认为，对运动的物体来说，时间流逝的速率会变慢。运动的速度越快，时间的流速（与静止的人相比）就越慢。

　　也就是说，我们其实是可以穿越到未来的。宇宙飞船和空间站能以很快的速度运动，人类在上面停留的时间长了，就会比地球上的时间快一点点。从某种意义上说，这就是穿越到未来的时空旅行，虽然这种体验是微乎其微的。

　　如果能坐上光速飞船，就可以到达更遥远的未来。时光机听起来是无稽之谈，但其实是有可能实现的。

　　不过，这种时光机只能前往未来，而无法回到过去。

宇宙揭秘

相对论　爱因斯坦提出的解释世界法则的理论。

休息一下
4

来感受一下自己有多渺小吧

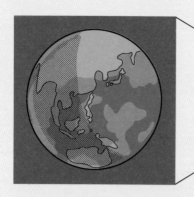

从整个地球看，
你渺小到看不见的程度。

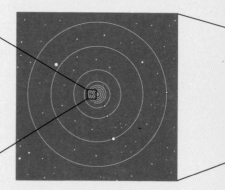

从太阳系看，地球在这里。
地球渺小到看不见的程度。

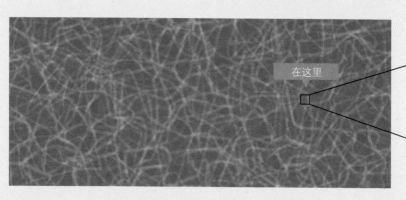

超星系团也只是宇宙大尺度结构的一部分而已。
整个宇宙究竟有多大，目前还不得而知。

120

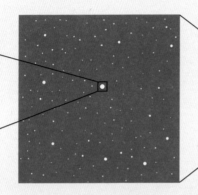

在附近的星域内，太阳系在这里。

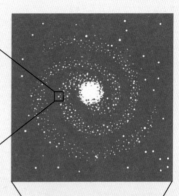

在银河系中，太阳系在这里。
太阳系渺小到看不
见的程度。

银河系和附近的星系在这里。
它们是超星系团的一部分。

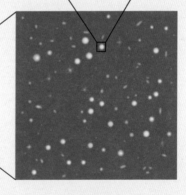

银河系在这里。
它只是众多星系中的一个。

121

第 **7** 章

宇宙探索史上的怪奇趣闻

现实往往比小说还荒谬。
探索宇宙的历史中也有很多怪奇趣闻。

降落伞是犯人为了逃狱发明的

降落伞是开发太空的常用工具。让人惊讶的是，降落伞的历史非常悠久，它最早出现在一千多年前，而且是犯人为了逃狱发明的。

以前，犯人会被关进高塔。为了逃狱，他们就发明了降落伞。

不过，那种降落伞并不是现代降落伞的原型。它虽然被发明出来，却被遗忘在历史中。在科学的世界里，有很多像这样被忽略的技术。

后来，世界各地相继出现了很多降落伞，但都默默无闻地消失了。直到两百多年前，现代降落伞的祖先才终于诞生。它原本是遭遇火灾时从高层建筑逃生所用。之后慢慢发展到航空领域，现在常用作飞机和航空器的安全装置。

宇宙揭秘

降落伞　从空中降落时会用到的工具，但经常出现打不开的情况，所以安全性不高，是一种很危险的工具。

第一个向太空发射火箭的国家

Made in Germany！

　　第一个向太空发射火箭的国家是德国。人类向太空发射的第一个飞行物是 V2 火箭，它是德国在第二次世界大战中研发的武器，也是所有现代火箭的鼻祖。1944 年，V2 火箭试射时的飞行高度超过了卡门线，成为人类历史上第一个进入太空的人造物体。

　　随着德国在第二次世界大战中的战败，V2 火箭的研发人员、物资和研发资料等，都被美国和苏联夺走。美苏都希望能尽快掌握这一项珍贵的技术，双方还为此展开过激烈的争斗。

　　得到德国的技术后，美国和苏联的火箭技术飞速发展，这才取得了今天的成果。

宇宙揭秘

V2 火箭　第二次世界大战中，德国为了挽回战局而制造的弹道导弹。
卡门线　太空与大气层的分界线，位于海拔 100 千米的高空。
苏联　以现今的俄罗斯为中心的社会主义国家。1991 年解体。

在太空开发上，苏联曾经一路领先

现在一提到太空开发，人们最先想到的是美国宇航局。但其实原本是苏联一路领先。

1957年，苏联成功发射了第一颗人造卫星。

1961年，苏联宇航员尤里·加加林乘坐"东方1号"宇宙飞船升空，成为第一个看见地球的人类。

除此之外，最早进行舱外活动、最早建立空间站的也是苏联。

在太空开发上，苏联的研发技术比美国更先进。然而为了跟美国抗衡，苏联急于求成，导致事故频发，失去了很多宝贵的研究人才。加之1991年，苏联解体，导致他们的太空研发慢慢被美国超越。

宇宙揭秘

"**太空争霸**"　冷战期间，美国和苏联在太空开发上进行了激烈的竞争。

第一批进入太空的是某种很烦人的生物

最早进入太空的生物既不是人类，也不是猴子或狗。

而是某种会嗡嗡叫的烦人生物。对，就是果蝇。

这是发生在人类进入太空十四年前的事。当时美国将果蝇放入从德国接收的V2火箭中，让它进行了一次太空飞行。

那只果蝇最后安全地返回了地球，据说返回时，它的状态还不错。

宇宙揭秘

进入太空的生物 除了苍蝇，人类还将很多动物送上过太空，比如老鼠、狗和猴子等。

怪奇指数 👻👻

古人喜欢用陨石制造武器和装饰品

　　人类与陨石之间有着悠久的历史渊源。人们认为，在土耳其出土的距今约4300年的世界上最古老的剑，就是由铁陨石打造而成的。

　　人类在掌握冶铁技术前，经常用陨铁制造物品。这一点在世界各地都有记录。

　　用陨铁做成的刀很有神秘感。虽然对于它是否拥有神奇的宇宙力量还是个未解之谜，但在只有青铜和铜的时代，强韧的铁质武器应该就像神器一样吧。

宇宙揭秘

陨铁　主要成分是铁的陨石。铁在自然界是很常见的资源，但它非常容易氧化生锈，所以在古代不生锈的铁是非常珍贵的。

第一个登上月球的不是美国而是苏联

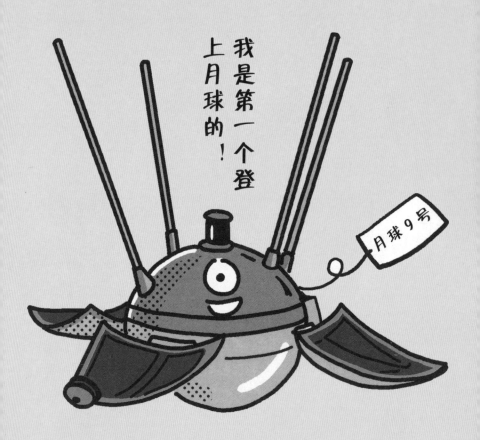

首次完成月球登陆的，并不是美国的阿波罗计划。其实早在阿波罗 11 号登月的三年前，苏联的月球 9 号（Luna 9）就已经登上月球了。

月球 9 号是世界上第一颗在月球上着陆的探测器。阿波罗 11 号传回的月球景色让人非常震撼，但其实最早拍下月球风景的是月球 9 号。

那为什么人们认定阿波罗 11 号是第一个登上月球的呢？这是因为，月球 9 号是无人机。

让人类首次登上月球的，的确是阿波罗 11 号。

听上去有些强词夺理，但阿波罗 11 号的登月也是人类历史上值得铭记的伟大事件。

宇宙揭秘 ─────────────────────────

月球（Luna）计划　苏联的月球探测计划。该计划共发射了四十三台月面探测器。

阿波罗计划　美国的载人登月计划。该计划让人类第一次成功登上地球之外的星球。

美国人曾斥巨资研发太空圆珠笔

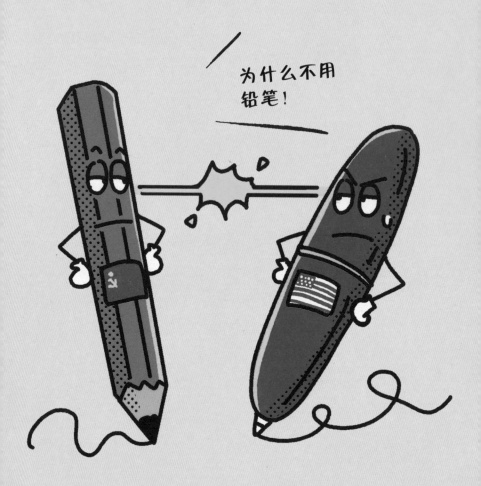

请大家将圆珠笔的笔尖朝上在纸上写几个字。

你会发现圆珠笔写几下就不再出水了。这个现象让人们推测圆珠笔在失重状态下是无法使用的。

于是美国就斥巨资研发了一款很厉害的新型圆珠笔。这款圆珠笔即使笔头朝上，也能写出字，而且无论是在200℃的高温还是0℃以下都完全不影响书写。真是一款性能超强的圆珠笔！

但苏联人却没太在意这件事，直接使用了普通的圆珠笔。结果发现，普通圆珠笔在太空中也能正常使用。

美国太谨慎，物极必反，制造出了不必要的东西。

宇宙揭秘 ————————————————————————

太空笔　这款笔目前还在销售，而且价格较合理。它是由民间企业开发的。

铅笔　其实刚开发太空时，美国人和苏联人用的都是铅笔，但后来因为削下来的铅笔屑会乱飞，就都不再使用了。

地球上的月球石竟然比从月球上拿回来的还多

月球是我们人类唯一踏足过的除地球以外的星球。好不容易去一趟月球，自然不能空手而归，所以人类登上月球后，带回了很多石头。

但奇怪的是，目前地球上的月球石总量，竟然超过了当初拿回来的数量。

俗话说，物以稀为贵。月球石很罕见，收藏价值也不是普通珠宝玉石可比的，所以它的价格一直居高不下。但从外形上看，月球上的岩石又跟地球上的岩石没什么区别，所以市面上出现了很多"山寨版"月球石。

据说有的博物馆中珍藏的月球石也是假的。真是悲剧啊。

宇宙揭秘 ────────────────────

月球石　从月球上拿回来的石头。月球石是非常珍贵的科学样本。

登月阴谋论者只是在找碴儿而已

　　阿波罗11号的成功登月，是人类历史上首次登上月球。但很多人认为这是一个谎言。

　　但，登月这件事的真实性是毋庸置疑的。

　　运行在月球轨道上的人造卫星拍了很多登月地点的照片，能清晰地展示阿波罗11号登月的遗迹。而且现在测算地球与月球之间的距离时，还要用当初留在月球上的激光反射镜。那些说登月是谎言的论调，其实都没什么科学性。因为登月这件事有很多确凿的证据。

　　然而，现在仍然有些阴谋论者认为，"阿波罗登月"是一场骗局。这可真让人搞不懂啊！

宇宙揭秘

登月遗迹　运行在月球轨道上的人造卫星月球勘测轨道器（Lunar Reconnaissance Orbiter），为阿波罗计划的登陆地点拍摄了很多照片。照片上有当年登陆的痕迹、月面车的车辙印和宇航员的足迹等。

人类不再前往月球，
是因为没有再去的价值

什么都没有……

　　现在距离人类最后一次登月已经过去四十年了。从那以后，人类就再也没有登上月球。这是为什么呢?

　　原因很简单，因为没有再去的价值。登月耗资巨大，月球上又没什么可用的资源。既然知道会一无所获，干脆就不去了。只是这样而已。

　　如今NASA（美国宇航局）和JAXA（日本宇宙航空开发机构）都计划建立月球基地。

　　现在的科技水平比四十年前进步了很多。建立月球基地后，便可以将人类的活动拓展到整个太阳系。月球基地的建成指日可待，届时太空开发也将开启新的篇章。

宇宙揭秘

月球基地　　月球的重力比地球小很多，在上面发射火箭需要的能量比较少。而且月球上有一些资源，也确认有水存在，可以直接在上面制造火箭燃料。月球基地将成为太空开发的补给基地。

后记

关于宇宙的趣闻还有很多很多，但暂时先在这里告一段落吧。

我经常给大人和孩子们讲这些关于宇宙和科学的趣闻。

不知为何，人们总把宇宙和科学想得很深奥很复杂。

但在我讲这些趣闻时，大家都会很感兴趣地聆听。所以我想大家一定都很喜欢宇宙和科学。

为什么明明很喜欢，却又觉得它让人头疼？

也许是因为理科和科学太过严肃，或者是因为总要被迫去记一些专门术语和公式。

其实喜欢和兴趣的力量，比任何公式和知识都强大。

我就是抱着这样的想法，开始写这本《怪奇宇宙图鉴》的。我希望它能成为一本你可以凭借喜欢和兴趣就能阅读的书。

也许这是一本派不上什么用场的书。它没有太多专门知识，也没法让你学到东西。只是一本很"无聊"的书而已。

但如果大家读完能对宇宙产生一点兴趣，我就感到很欣慰了。

那么，我们有缘再见！

岩谷圭介

参考书目

《阿波罗11号》[美] 皮尔斯·比索尼（日本河出书房新社）

《探索太阳系》[美] 玛丽·凯·卡森（日本丸善出版）

《漏洞百出的物理学》[日] 松田卓也（日本学研教育出版）

《银河系行星学的挑战》[日] 松井孝典（日本NHK出版）

《宇宙教学》[日] 中川人司（日本sanctuary出版）

《宇宙的未解之谜和不可思议之处》[日] 藤井旭（日本PHP研究所）

《理科100问》日本话题达人俱乐部（日本青春出版社）

《宇宙理论》[日] 高柳雄一（日本主妇之友社）

《宇宙论》[日] 二间濑敏史（日本夏目社）

《太空的故事》[英] 马丁·詹金斯（英国烛芯出版社）

《未知的真相》[英] 斯图尔特·罗斯（英国烛芯出版社）

《航向太空》[英] 肯尼·坎普（美国维京出版）

《太空漫游手册》[美] 埃里克·安德森（美国夸克出版）

休息一下1的答案 月缺的部分是看不见星星的。

图书在版编目（CIP）数据

怪奇宇宙图鉴 /（日）岩谷圭介文；（日）柏原升店
绘；王宇佳译. —— 海口：南海出版公司, 2022.4
（奇妙图书馆）
ISBN 978-7-5442-6356-6

Ⅰ.①怪… Ⅱ.①岩… ②柏… ③王… Ⅲ.①宇宙—
青少年读物 Ⅳ.①P159-49

中国版本图书馆CIP数据核字(2021)第131201号

著作权合同登记号 图字：30-2021-091
OMOSHIROKUTE YAKUNITATANAI!? HENTEKORINNA UCHUZUKAN
Text by Keisuke Iwaya
Illustrated by Kashiwabara Shoten
Copyright © Keisuke Iwaya, Kashiwabara Shoten , 2018
All rights reserved.
Original Japanese edition published by KINOBOOKS.
Simplified Chinese translation copyright © 2020 by Beijing Book Link Booksellers Co.,Ltd.
This Simplified Chinese edition published by arrangement with KINOBOOKS, Tokyo through
HonnoKizuna, Inc., Tokyo, and Beijing Bright Book Link Consulting Co.,Ltd.

本书由日本Kinobooks株式会社授权北京书中缘图书有限公司出品并由南海出版公司在中国范围内独家出版本书中文简体字版本。

GUAIQI YUZHOU TUJIAN
怪奇宇宙图鉴

策划制作：北京书锦缘咨询有限公司（www.booklink.com.cn）
总 策 划：陈 庆
策　　划：宁月玲

作　　者：〔日〕岩谷圭介
绘　　者：〔日〕柏原升店
译　　者：王宇佳
责任编辑：张 嫒
排版设计：柯秀翠
出版发行：南海出版公司 电话：（0898）66568511（出版） （0898）65350227（发行）
社　　址：海南省海口市海秀中路51号星华大厦五楼 邮编：570206
电子信箱：nhpublishing@163.com
经　　销：新华书店
印　　刷：三河市祥达印刷包装有限公司
开　　本：889毫米×1194毫米 1/32
印　　张：4.5
字　　数：71千
版　　次：2022年4月第1版 2022年4月第1次印刷
书　　号：ISBN 978-7-5442-6356-6
定　　价：58.00元